营养好吃

儿童餐

YINGYANG HAOCHI
ERTONGCAN

瑞雅 编著

青岛出版社
QINGDAO PUBLISHING HOUSE

图书在版编目（ＣＩＰ）数据

营养好吃儿童餐 / 瑞雅编著 . -- 青岛 : 青岛出版社 , 2016.8

（"99道美味"系列）

ISBN 978-7-5552-4456-1

Ⅰ . ①营… Ⅱ . ①瑞… Ⅲ . ①儿童—保健—食谱Ⅳ . ① TS972.162

中国版本图书馆 CIP 数据核字（2016）第 178823 号

书　　　名	营养好吃儿童餐	
编 著 者	瑞　雅	
出版发行	青岛出版社	
社　　　址	青岛市海尔路 182 号（266061）	
本社网址	http://www.qdpub.com	
邮购电话	13335059110　0532-68068026	
选题策划	周鸿媛　贺　林	
责任编辑	徐　巍	
装帧设计	瑞雅书业·付世林	
制　　　版	青岛艺鑫制版印刷有限公司	
印　　　刷	荣成三星印刷有限公司	
出版日期	2016 年 10 月第 1 版　2016 年 10 月第 1 次印刷	
开　　　本	32 开（889mm×1194mm）	
印　　　张	5	
字　　　数	60 千	
图　　　数	600 幅	
印　　　数	1 — 10000	
书　　　号	ISBN 978-7-5552-4456-1	
定　　　价	15.00 元	

编校印装质量、盗版监督服务电话　4006532017　0532-68068638

建议陈列类别：美食类　生活类

序

　　如何让人们在最短的时间里学会做菜？如何让人们在忙碌之中同样能够体验到食物的美味和营养？

　　怀着这样美好的初衷，青岛出版社携手瑞雅，一个专业从事生活类图书的策划团队，邀约众位专业摄影师和厨师，精心推出"99道美味"系列。

　　"99道美味"系列共分20册，里面既包括简单易做的家常菜，又包括主食、烘焙、沙拉、茶饮、蔬果汁等各色美食。系列中每一道菜式的烹饪，都经过厨师亲自现场制作、工作人员现场试吃、现场拍摄。我们从精心选购食材开始做起，精雕细琢菜肴的每一个制作工序，不厌其烦地调换哪怕一个很小的隐现在画面中的道具，只为用照片留住令人垂涎的美味和回忆，与您共享令人感动的色香味。希望您的厨房从此浓郁芬芳，生活从此活色生香！

目录 CONTENTS

第二章
儿童特色食谱推荐

计量单位换算：
1 小匙≈3克≈3毫升
1 大匙≈15克≈15毫升
少许=略加即可，如用来点缀菜品的香菜叶、红椒丝等。
适量=依自己口味，自主确定分量。
烹调中所用的高汤，读者可依个人口味，选择鸡汤、排骨汤或是素高汤都可以。

第一章

儿童
营养食谱
推荐

每位爸爸妈妈最关心的莫过于儿童的健康成长问题了，儿童吃什么最健康，吃什么最营养？本章给爸爸妈妈们提供最适合儿童的营养食谱，帮助儿童补充各种营养素，有助于儿童健康成长！

儿童营养早知道

　　笋是"菜中珍品"，富含钙、蛋白质、氨基酸、脂肪、糖类、磷、铁、胡萝卜素、维生素等多种营养元素，儿童经常食用，有益身体健康，有助身体发育。

增高
补钙

凉拌笋丝

材料：

莴笋1根

春笋半根

葱少许

调料：

香油1小匙

盐半小匙

白砂糖少许

鸡精少许

做法：

❶ 葱洗净，切末；莴笋、春笋处理干净，洗净，切丝。（图①）

❷ 春笋丝、莴笋丝放入沸水中焯烫断生，捞出沥干，放入碗内。（图②、图③）

❸ 葱末放入盛有材料的碗内，依次加入香油、盐、白砂糖和鸡精，最后拌匀装盘即可。（图④～图⑧）

儿童营养早知道

　　秋季是藕上市的季节，儿童食用新鲜的藕可以补锌。藕一般可以用来小炒、熬汤，或者和排骨炖食。

强身
健体

蜜汁糖藕

材料：
莲藕400克
糯米150克

调料：
糖桂花少许
蜂蜜半小匙
冰糖少许

做法：

❶ 将莲藕洗净，去皮；准备好其他食材。（图①）

❷ 将糯米淘洗干净，浸泡半小时。（图②）

❸ 切去莲藕梢，备用。（图③）

❹ 将糯米沥干水，灌入藕中。（图④）

❺ 灌满后将切下的藕梢盖在原切口处，用牙签封固。（图⑤）

❻ 将封固好的莲藕放入冷水锅中，加入糖桂花、冰糖、蜂蜜，大火煮两个小时。（图⑥）

❼ 改用中火煮至莲藕酥软，汤汁稠浓呈蜜汁状时出锅。（图⑦）

❽ 待莲藕放凉后切片，吃时淋上原汤汁即可。（图⑧、图⑨）

白菜被誉为"百菜之王"，富含维生素C和钙、磷等营养物质。其中所含的锌有促进儿童生长发育，加快外伤愈合等作用。

强身
健体

白菜烧肉丸

材料：

白菜150克
猪瘦肉250克
葱少许
姜少许

调料：

老抽1大匙
香油2小匙
水淀粉1小匙
盐少许
鸡精少许
油适量

做法：

❶ 白菜洗净，切丝；猪瘦肉洗净，剁成泥；葱、姜均切末。（图①）

❷ 猪肉泥装碗，依次放入葱末、姜末。（图②）

❸ 加入香油、少许老抽和盐，用力搅拌，制成肉馅。（图③）

❹ 油锅烧热，煸炒白菜丝，烹入剩余老抽、盐和水煮沸。（图④~图⑥）

❺ 把肉馅挤成丸子，将肉丸子放入锅中，煮至熟透。（图⑦）

❻ 加鸡精调味，用水淀粉勾芡，装碗即可。（图⑧）

娃娃菜中富含纤维素，纤维素可以促进肠壁蠕动，能够帮助儿童缓解便秘、预防大便干燥。另外，娃娃菜富含钙元素，是防治维生素D缺乏（佝偻病）的理想蔬菜。

增高
补钙

上汤娃娃菜

材料：

娃娃菜300克
南瓜80克

调料：

鸡汁适量
鸡精1小匙
盐半小匙
水淀粉1大匙

做法：

❶ 南瓜去皮，洗净，切大片；娃娃菜洗净，切条，煮至轻压即烂为佳，沥干，装盘。（图①～图③）

❷ 南瓜上锅蒸熟，放入碗内，压成泥备用。（图④、图⑤）

❸ 锅置火上，加鸡精、盐、鸡汁，调成适合自己口味的味汁。（图⑥）

❹ 将南瓜泥倒入味汁中调成金黄色，用水淀粉勾芡烧至汤浓，淋在娃娃菜上即可。（图⑦、图⑧）

儿童营养早知道

菜花富含维生素C，有利于儿童的生长发育，促进肝脏解毒，提高免疫力。另外，常吃菜花能减轻瘀伤，控制感染，促进伤口愈合，儿童游戏玩耍受伤时可多食。

健脑
益智

香脆菜花

材料：

菜花250克
胡萝卜20克

调料：

醋2小匙
白砂糖1小匙
香叶少许

做法：

❶ 将菜花去叶及梗，掰成大小均匀的小朵；胡萝卜切片。（图①）

❷ 菜花和胡萝卜片均放清水中泡一下，冲洗干净。（图②）

❸ 锅置火上，加清水烧沸，放入香叶煮出香味。（图③）

❹ 锅中继续倒入白砂糖、醋搅拌均匀。（图④、图⑤）

❺ 另起锅，放入菜花、胡萝卜片焯烫至断生，关火。

❻ 将焯好的菜花、胡萝卜片倒入糖醋锅内，浸泡3天即可。（图⑥、图⑦）

冬笋具有开胃、促进消化、增强食欲的作用，可以帮助儿童缓解消化不良。但是，因为冬笋含有不溶性草酸钙，吃太多容易诱发过敏性鼻炎等，故儿童食用时需注意不可过量。

预防
贫血

绩溪炒粉丝

材料：

粉丝50克
猪瘦肉30克
冬笋30克
冬菇2朵
干辣椒1个
香葱1棵
茶干适量

调料：

料酒2大匙
老抽2大匙
白砂糖1小匙
盐1/2小匙
干淀粉1小匙
高汤100毫升
油适量

做法：

❶ 粉丝用温水浸泡至回软；冬菇用温水泡发后，切丝；香葱洗净，切段；冬笋切丝；茶干切丝；干辣椒切小段，备用。（图①、图②）

❷ 锅中盛水，放入粉丝焯烫至八成熟，捞出浸冷水中过凉；冬笋丝、冬菇丝放入沸水中焯烫片刻，捞出沥干。（图③）

❸ 瘦猪肉切成细丝，加入干淀粉、一半的老抽、一半的料酒抓拌均匀，腌渍片刻。（图④）

❹ 油锅烧热，下肉丝、冬笋丝、冬菇丝、茶干丝、香葱段、干辣椒段翻炒，加入剩余所有调料，放入粉丝，转中火，炒匀后加盖稍焖即可。（图⑤~图⑧）

儿童营养早知道

菠菜中含有大量的β-胡萝卜素和铁，能够有效改善儿童缺铁性贫血。但值得注意的是，因菠菜中含有草酸，草酸和钙结合会产生草酸钙，草酸钙不能被人体吸收利用。故儿童不可过量食用菠菜，否则会引起缺钙。

增高
补钙

海米菠菜

材料：

菠菜100克

泡发海米10克

姜少许

调料：

熟芝麻5克

花椒油半小匙

盐半小匙

鸡精1小匙

做法：

❶ 将菠菜去根，洗净；姜切末；备好其他食材。（图①）

❷ 将菠菜放入沸水锅中焯烫至八成熟，捞出过凉。（图②）

❸ 将菠菜挤去水分，切成约4厘米长的段。（图③～图⑤）

❹ 将菠菜段放碗中，加入姜末、熟芝麻、泡发的海米。（图⑥、图⑦）

❺ 将剩余调料调入碗中，搅拌均匀，装盘即可食用。（图⑧）

儿童营养早知道

正所谓："冬吃萝卜夏吃姜"，儿童在冬季经常吃白萝卜可帮助消化，促进新陈代谢，提高身体免疫力，预防感冒。

护眼
明目

粉蒸萝卜

材料：

白萝卜半根

调料：

糯米粉100克

甜酱2小匙

白砂糖1小匙

盐半小匙

油适量

做法：

❶ 白萝卜洗净去皮，切成长方形块，加少许盐腌渍一下。（图①、图②）

❷ 油锅烧热，放入白萝卜块，炸至浅黄色时捞出。（图③）

❸ 糯米粉加入甜酱、盐和白砂糖拌匀，放入白萝卜块，使酱汁均匀地涂在白萝卜块上，将白萝卜块取出放至盘内，上笼蒸熟即可。（图④～图⑧）

茄子是为数不多的紫色蔬菜之一。它不仅味美价廉而且营养丰富，在茄子的紫皮中含有丰富的维生素E和烟酸，这是许多蔬菜水果望尘莫及的。儿童经常食用茄子，可预防坏血病及促进伤口愈合。

强身
健体

肉末茄子

材料：

长茄子400克

肉末50克

葱适量

姜适量

蒜适量

调料：

白砂糖1大匙

醋1小匙

盐少许

油适量

做法：

❶ 将长茄子洗净后，带皮竖切为厚约5毫米的长片；葱洗净，切成丝；姜、蒜洗净，切成末；准备好其他食材。（图①、图②）

❷ 将茄片放入锅内，加沸水2000毫升，焯烫约半小时，捞出沥水。（图③）

❸ 油锅烧热，放入茄片，煎至熟透后捞出。（图④）

❹ 平底锅烧热，将肉末、葱丝放入锅内，炒至变色。（图⑤、图⑥）

❺ 放入蒜末、姜末、白砂糖、醋炒匀后，放入煎好的茄片，轻轻拌炒均匀即可。（图⑦、图⑧）

　　韭菜含有挥发性精油及硫化物等特殊成分，能散发出一种独特的辛香气味，有助增进儿童食欲，增强消化功能。

强身
健体

韭香绿豆芽

材料:

绿豆芽150克
猪瘦肉100克
水发海米50克
韭菜50克
葱末少许
姜末少许

调料:

花椒水1小匙
盐半小匙
鸡精半小匙
水淀粉适量
油适量

做法:

❶ 绿豆芽择洗干净，沥水；猪瘦肉洗净，切丝；韭菜择洗干净，切成3厘米长的段；海米洗净。（图①）

❷ 油锅烧热，爆香葱末、姜末，放入猪瘦肉丝煸炒至变色，烹入花椒水，下入海米、绿豆芽，翻炒片刻。（图②~图⑤）

❸ 下入韭菜段，加盐、鸡精，用大火快炒，最后用水淀粉勾芡，出锅装盘即可。（图⑥~图⑧）

Tips：贴心小指南

正常的绿豆芽略呈黄色，不太粗，水分适中，无异味；不正常的颜色发白，豆粒发蓝，芽茎粗壮，水分较多，有异味。

儿童营养早知道

　　山药含有淀粉酶、多酚氧化酶等物质，有利于脾胃消化吸收，儿童经常食用山药可有效改善消化不良。

强身健体

红枣山药泥

材料：

鲜嫩山药200克

红枣12颗

调料：

白砂糖1大匙

做法：

❶ 将山药洗净，去皮，切段；红枣洗净。（图①）

❷ 将山药段上锅蒸熟。（图②）

❸ 红枣用开水泡软，一一去核。（图③、图④）

❹ 将蒸熟的山药用勺子碾成泥状，加部分白砂糖拌匀。（图⑤、图⑥）

❺ 把红枣码在山药泥上，均匀地撒上余下的白砂糖。（图⑦）

❻ 把做法❺中的碗上蒸笼，蒸约6分钟即可。（图⑧）

　　丝瓜中维生素C含量较高，可帮助儿童抵抗坏血病及预防各种维生素C缺乏症。另外，由于丝瓜中B族维生素等含量高，有利于儿童大脑发育。

健脑
益智

枸杞子丝瓜

材料：

油条1根
丝瓜1根
枸杞子适量
姜1片

调料：

胡椒粉少许
香油2小匙
白砂糖1小匙
盐1小匙
鸡汤1大匙
水淀粉1大匙
油适量

做法：

❶ 丝瓜洗净，去皮，切成滚刀块；油条切成1.5厘米大小的段；枸杞子泡发；姜片切丝。（图①）

❷ 油锅烧至七成热，放入油条段微炸至焦脆，捞出沥净油。（图②）

❸ 锅中留少量底油，放入姜丝爆香，加入丝瓜块翻炒片刻，调入鸡汤略煮5分钟，再调入水淀粉、盐、胡椒粉、白砂糖和香油拌匀。（图③~图⑦）

❹ 出锅前将炸好的油条段和枸杞子加入到丝瓜中，盛盘即可。（图⑧）

　　冬瓜中所含的丙醇二酸能有效地抑制糖类转化为脂肪，加之冬瓜本身不含脂肪，热量不高，对于预防儿童虚胖具有重要意义，有助于儿童体形健美。

增高
补钙

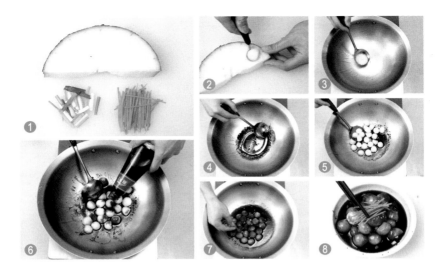

烧圆子

材料：

冬瓜500克
胡萝卜半根
葱花少许

调料：

老抽半大匙
生抽2大匙
白砂糖2小匙
油适量

做法：

❶ 胡萝卜洗净切丝；冬瓜洗净，用圆勺挖出小球的形状。（图①、图②）

❷ 油锅烧热，加入白砂糖、生抽，炒出糖色。（图③、图④）

❸ 放入冬瓜球，翻炒均匀后，加入老抽上色。（图⑤、图⑥）

❹ 炒熟后出锅，撒上葱花，铺上胡萝卜丝即可。（图⑦、图⑧）

胡萝卜含有大量胡萝卜素，这种胡萝卜素的分子结构相当于2个分子的维生素A，进入机体后，在肝脏及小肠黏膜内经过酶的作用，其中50%变成维生素A，有助预防和缓解儿童夜盲症。

护眼
明目

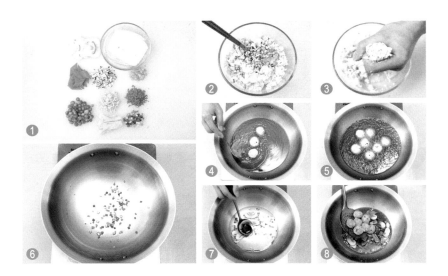

素彩拼盘

材料：

北豆腐泥100克

口蘑片40克

莲藕末30克

鲜香菇末30克

胡萝卜片20克

胡萝卜末20克

豌豆20克

香芹末20克

竹笋段10克

葱末适量

调料：

生抽、白砂糖各1小匙

芝麻、香油、盐各1小匙

淀粉、水淀粉各1大匙

油适量

做法：

❶ 准备好所有食材。北豆腐泥加香菇末、香芹末、胡萝卜末和莲藕末，拌匀后加淀粉、少许盐混合均匀，挤成丸子。（图①～图③）

❷ 油锅烧热，入丸子炸至呈金黄色时捞出。（图④、图⑤）

❸ 锅留底油，放葱末、口蘑片，加水、生抽、盐和白砂糖，煮沸后放入剩余材料、调料和丸子，用水淀粉勾芡即可。（图⑥～图⑧）

干贝炒西葫芦

材料：

干贝250克

西葫芦200克

鸡蛋1个

姜丝适量

葱花适量

蒜末适量

薄荷叶少许

调料：

盐少许

生抽少许

水淀粉少许

油适量

做法：

❶ 干贝浸泡至透，撕丝；西葫芦洗净，切成片。（图①）

❷ 油锅烧热，炒香蒜末，加西葫芦片、盐、水炒熟，用水淀粉勾薄芡。（图②）

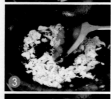

❸ 另起油锅烧热，炒香姜丝，放干贝丝、生抽、打散的鸡蛋液炒熟。（图③）

❹ 倒入西葫芦片和葱花炒匀，撒薄荷叶稍点缀即可。（图④）

黄花菜炒金针菇

材料：
新鲜金针菇150克
水发黄花菜80克
青甜椒丝10克
红甜椒丝10克
姜片少许

调料：
盐半小匙
鸡精半小匙
油适量

做法：

❶ 准备好所有食材。金针菇洗净，去根；水发黄花菜择洗干净。（图①）

❷ 锅中注入适量的清水烧开，倒入水发黄花菜略焯烫，捞出沥干。（图②）

❸ 炒锅烧热，加入适量油，放入姜片炒香。

❹ 放入青甜椒丝、红甜椒丝，翻炒半分钟。（图③）

❺ 倒入水发黄花菜、金针菇炒匀至熟。（图④）

❻ 加盐、鸡精调味，出锅装盘即可。

健脑益智

干贝菜心

材料：

干贝300克
芥菜心200克
姜丝适量
红尖椒丝适量

调料：

盐少许
色拉油适量

做法：

❶ 干贝放入水中浸泡2小时，取出用蒸锅蒸1小时左右，放凉后撕成丝状，备用。（图①）

❷ 芥菜心去老叶，用水冲洗净，切成片，再放开水中略焯烫，待叶片变软后马上捞起，沥干水，备用。（图②）

❸ 锅置火上，倒入色拉油（或橄榄油）烧热，放入芥菜心片爆炒。（图③）

❹ 再加入姜丝、干贝丝、少许水以小火慢烧，待烧至熟后放盐调味，撒上红尖椒丝即可。（图④）

增高
补钙

黑木耳扒小油菜

材料：

新鲜小油菜150克

水发黑木耳100克

胡萝卜片20克

葱段少许

姜片少许

调料：

盐半小匙

鸡精半小匙

料酒1小匙

蚝油1小匙

水淀粉1大匙

油适量

做法：

① 黑木耳洗净，撕成小朵；小油菜择洗干净，一剖为二，去叶留梗，备用。（图①）

② 将黑木耳朵和小油菜分别倒入沸水中焯烫片刻，捞出沥干。小油菜摆入盘中。（图②）

③ 油锅烧热，下葱段、姜片炒香，加胡萝卜片、黑木耳朵略炒。烹入料酒、盐、鸡精和蚝油，以水淀粉勾芡，起锅装盘即可。（图③、图④）

护眼明目

苦瓜炒甜椒

材料：

青甜椒块200克
苦瓜100克
葱段5克
姜片4克
蒜片4克

调料：

盐半小匙
白砂糖1小匙
老抽1小匙
油适量

做法：

❶ 将苦瓜剖开，去子，切片，用盐水浸泡，捞起待用。（图①）

❷ 油锅烧热，下葱段、姜片、蒜片爆香，倒入青甜椒块和苦瓜片煸炒至熟。（图②）

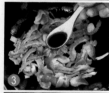

❸ 调入盐、白砂糖、老抽，迅速翻炒。（图③）

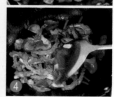

❹ 炒匀后装盘即可。（图④）

增高
补钙

豆腐皮丝炒海带

材料：

水发海带200克
豆腐皮丝100克
葱丝25克

调料：

盐半小匙
白砂糖半小匙
鸡精半小匙
老抽1小匙
香油半小匙
油适量

做法：

① 将水发海带洗净，切成丝，放入沸水中略焯烫，捞出沥水，上锅蒸熟，取出放凉后，装盘，备用。（图①）

② 将豆腐皮丝洗净，放入沸水中焯烫片刻，捞出沥水，备用。（图②）

③ 油锅烧热，放入葱丝煸香，放入豆腐皮丝炒匀。（图③）

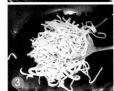

④ 倒入海带丝，再放入老抽、盐、鸡精、香油、白砂糖，拌炒均匀即可。（图④）

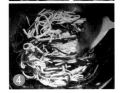

护眼明目

碧绿什锦

材料：

西蓝花朵100克
竹笋段50克
香菇块50克
白果50克
枸杞子少许
胡萝卜片少许
黑木耳丝少许
姜片2片

调料：

盐2小匙
鸡精适量
水淀粉适量
油适量

做法：

❶ 西蓝花朵放入加少许盐的沸水中焯烫熟，取出；香菇、竹笋段、白果分别放入沸水中焯烫熟，取出；枸杞子泡软，备用。（图①）

❷ 油锅烧热，爆香姜片，下西蓝花朵、黑木耳丝略炒，放入剩余材料炒熟。（图②、图③）

❸ 调入盐、鸡精拌炒均匀，用水淀粉勾芡，装盘即可。（图④）

健脑
益智

腐竹炒西蓝花

材料：

西蓝花300克
腐竹150克
黄瓜150克
胡萝卜150克

调料：

盐适量
鸡精少许
油适量

做法：

❶ 西蓝花洗净，掰成小朵；腐竹泡发洗净，切段；黄瓜洗净，切片；胡萝卜去皮洗净，切片。（图①）

❷ 将西蓝花朵放入沸水中焯烫片刻，捞出沥干，备用。（图②）

❸ 油锅烧热，下入西蓝花朵、腐竹段、黄瓜片、胡萝卜片翻炒片刻，加盐、鸡精炒匀，待熟后装盘即可。（图③、图④）

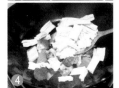

虾米炒白萝卜丝

材料：

白萝卜丝350克

虾米50克

姜1块

红甜椒丝15克

调料：

料酒1大匙

盐1小匙

鸡精少许

油适量

做法：

❶ 将虾米泡发，洗净；姜洗净，切丝。（图①）

❷ 将白萝卜丝放入沸水中焯烫一下，捞出沥干。
（图②）

❸ 油锅烧热，下白萝卜丝、红甜椒丝、虾米拌炒
均匀，放入姜丝、盐、鸡精、料酒调味，炒匀
后出锅装盘即可。（图③、图④）

儿童营养早知道

白萝卜中的淀粉酶能分解食物中的淀粉、脂
肪，有助儿童吸收更多、更全面的营养。

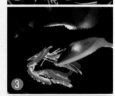

豆角炒茄条

材料：

新鲜茄子200克
豆角100克
干辣椒段少许
蒜末少许

调料：

盐半小匙
白砂糖适量
鸡精适量
水淀粉少许
油适量

做法：

❶ 准备好所需食材。将茄子去皮洗净，切成长
条；豆角择洗干净，切成段。（图①）

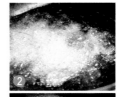

❷ 油锅烧热，倒入豆角段炸约1分钟，捞出沥
油，备用。（图②）

❸ 将茄子条倒入热油锅中炸约1分钟，捞出沥
油，备用。（图③）

❹ 油锅烧热，放入干辣椒段和蒜末炒香。

❺ 倒入炸好的豆角段、茄子条略炒。

❻ 加盐、白砂糖和鸡精调味，以水淀粉勾芡即
可。（图④）

鸡蛋富含卵磷脂，有助于儿童大脑发育。

健脑
益智

香椿芽煎蛋饼

材料：

鸡蛋2个

香椿芽100克

香菜叶少许

调料：

盐适量

油适量

做法：

❶ 准备好所有食材。香椿芽用水冲洗干净。（图①）

❷ 香椿芽切碎，放入碗中。（图②）

❸ 将鸡蛋磕入香椿芽碎碗中，再放入盐和适量清水，搅打均匀。（图③～图⑤）

❹ 油锅烧热，放入蛋液，煎至两面金黄，盛出，切成大小均匀的三角形状，摆盘，点缀香菜叶即可。（图⑥～图⑧）

儿童营养早知道

　　果子中含有大量淀粉、蛋白质、脂肪、维生素等营养素，能够帮助儿童预防骨质疏松等疾病，有益于人体健康。

增高
补钙

栗子鸡块

材料:

鸡块400克

栗子肉200克

葱少许

姜少许

蒜少许

调料:

水淀粉2小匙

老抽2小匙

胡椒粉少许

鸡精少许

油适量

做法:

❶ 将栗子肉放入开水中煮熟;葱洗净,切段;姜洗净,切片;蒜去皮,洗净,切末。(图①)

❷ 油锅烧热,放入鸡块用油煸炒至变色,加入葱段、姜片、蒜末、鸡精、老抽、胡椒粉、清水,放入栗子肉,转小火焖至鸡肉酥烂,用水淀粉勾芡即可。(图②~图⑧)

Tips: 贴心小指南

一般来说,新鲜卫生的鸡肉块大小不会相差特别大,颜色白里透红,看起来有光泽,手感比较光滑。

鸭肉的营养价值比较高，其中蛋白质含量16%～25%，比畜肉含量高得多。其脂肪含量适中，较均匀地分布于全身组织中，而且鸭肉所含的脂肪酸主要是不饱和脂肪酸和低碳饱和脂肪酸，易于儿童消化吸收。

强身
健体

苦瓜拌鸭丝

材料：

烤鸭脯肉100克
苦瓜1根
蒜1瓣

调料：

香油1大匙
芝麻酱2小匙
海鲜酱半小匙
盐少许
鸡精少许

做法：

❶ 烤鸭脯肉切丝；苦瓜去瓤洗净，切丝；蒜洗净，切末；芝麻酱用凉开水调开，加入少许盐、香油，调匀成麻酱汁。（图①、图②）

❷ 苦瓜丝放入沸水中焯烫一下，捞出过凉，沥干，放入盘中，加入蒜末、盐、鸡精和海鲜酱，拌匀。（图③～图⑤）

❸ 将烤鸭脯肉丝撒在苦瓜丝上，淋上麻酱汁即可。（图⑥～图⑧）

　　猪肉可提供血红素（有机铁）和促进铁吸收的半胱氨酸，经常食用可帮助儿童改善缺铁性贫血。

预防
贫血

香酥里脊

材料：

猪里脊肉350克

鸡蛋2个

面粉100克

面包渣100克

调料：

盐2小匙

料酒1大匙

胡椒粉适量

花椒盐半小匙

老抽1小匙

鸡精1小匙

油适量

做法：

❶ 猪里脊肉洗净；面粉和面包渣分别装入碗中；准备好其他食材。（图①）

❷ 将猪里脊肉切成大小一致的细条，放入容器中。（图②）

❸ 猪里脊条加盐、料酒、胡椒粉、鸡精、老抽拌匀，腌渍30分钟。（图③）

❹ 将鸡蛋打入碗中，打散。（图④）

❺ 将猪里脊肉条先蘸上面粉、鸡蛋液，再蘸面包渣。（图⑤、图⑥）

❻ 放热油锅中炸至金黄色，捞出装盘，蘸花椒盐食用。（图⑦、图⑧）

笋中含有一种白色的含氮物质，构成了笋独有的清香，具有开胃、促进消化、增强食欲的作用，可用于缓解和改善儿童消化不良等症。

强身
健体

双笋炒里脊

材料：

猪里脊肉400克

冬笋75克

莴笋75克

鸡蛋1个（取蛋清）

葱末5克

姜末5克

调料：

料酒1大匙

盐1小匙

鸡精1小匙

白砂糖半小匙

香油半小匙

淀粉1大匙

水淀粉1大匙

油适量

做法：

❶ 冬笋、莴笋分别洗净，切丝；将猪里脊肉切成丝，用水浸泡后挤干，放入碗内加鸡蛋清、部分盐、淀粉拌匀上浆。（图①～图④）

❷ 油锅烧热，放入猪里脊丝，滑散，待肉丝变色后，捞出沥油。（图⑤）

❸ 锅留底油烧热，放入姜末、葱末和双笋丝煸炒，加料酒、白砂糖、剩余盐、鸡精调味，用水淀粉勾芡，再放入猪里脊丝，翻炒几下，淋上香油，出锅装盘即可。（图⑥～图⑧）

胡萝卜富含铁和维生素，经常食用能够有效预防儿童缺铁性贫血。

预防
贫血

胡萝卜炒羊肉

材料：

带皮羊肉650克

胡萝卜2根

葱花5克

姜片5克

调料：

大料5克

花椒3克

盐1小匙

胡椒粉1大匙

料酒1大匙

生抽1小匙

老抽半大匙

冰糖少许

油适量

做法：

❶ 带皮羊肉放清水里浸泡数小时，泡去血水后剁成小块，放沸水中汆烫，捞出冲净血沫；胡萝卜洗净，去皮，切块；其余材料均备齐。（图①）

❷ 油锅烧热，下姜片、花椒、大料煸香，放入羊肉块，烹入料酒大火翻炒。（图②～图④）

❸ 放入胡萝卜块、生抽、老抽炒匀，倒入适量清水大火煮开，加入冰糖，转中火炖煮至羊肉熟烂，调入盐、胡椒粉，撒上葱花即可。（图⑤～图⑧）

鲫鱼有健脑益智作用，儿童经常食用可滋补身体，增强抗病能力。

增高补钙

荷包鲫鱼

材料:

鲫鱼500克

猪肉100克

香葱8克

老姜8克

调料:

淀粉2小匙

老抽2小匙

白砂糖1小匙

料酒半大匙

蚝油1小匙

胡椒粉1小匙

香油半小匙

水淀粉半大匙

油适量

做法:

❶ 将鲫鱼处理干净;猪肉洗净,切末;香葱切段;姜切片。(图①)

❷ 将鲫鱼加部分料酒略腌。(图②)

❸ 将猪肉末放入碗中,加少许老抽、胡椒粉、香油和淀粉拌匀。(图③、图④)

❹ 将猪肉末填入鲫鱼肚内。(图⑤)

❺ 油锅烧热,放入鲫鱼煎至两面呈金黄色。(图⑥)

❻ 下葱段、姜片翻炒。(图⑦)

❼ 烹入料酒、老抽、蚝油、白砂糖、香油、适量清水煮沸。(图⑧、图⑨)

❽ 小火煮熟,用水淀粉勾芡,至汤汁收浓后,即可出锅。

儿童营养早知道

虾的肉质和鱼一样松软，易消化，不失为儿童食用的营养佳品，对健康极有裨益。

增高
补钙

白果炒虾仁

材料：

虾仁300克

芹菜80克

白果50克

胡萝卜50克

鸡蛋1个（取蛋清）

调料：

淀粉1小匙

盐适量

老抽适量

香油适量

做法：

❶ 芹菜、胡萝卜分别洗净，切菱形块；白果洗净；其余材料均备齐。（图①）

❷ 虾仁去虾线，洗净，加入蛋清、淀粉上浆。（图②~图④））

❸ 油锅烧热，下虾仁滑散，倒入芹菜块、胡萝卜块、白果翻炒均匀，加入适量老抽、盐翻炒均匀，淋上香油，即可出锅。（图⑤~图⑧）

Tips: 贴心小指南

加入淀粉可以迅速吸去虾仁里的盐分和腥味。

儿童营养早知道

　　鹌鹑蛋除富含高蛋白质和脂肪、维生素、卵磷脂、铁等外，还含有芦丁等成分，常食对儿童厌食症、消化不良、营养不良及大脑发育迟缓等症有一定的辅助疗效。

健脑
益智

鱿鱼炖鹌鹑蛋

材料：

鹌鹑蛋250克
五花肉300克
鱿鱼200克
姜5片
葱1段

调料：

大料2粒
干辣椒2个
香叶2片
干豆腐乳3块
料酒2大匙
冰糖1大块
生抽1小匙
盐少许
油适量

做法：

❶ 鱿鱼、五花肉分别洗净，切块；干豆腐乳加少许水调成腐乳汁；鹌鹑蛋煮熟，去壳，装盘备用。（图①～图③）

❷ 油锅烧热，放入葱段、姜片、干辣椒爆香，下入五花肉块，小火煎2分钟至皮上色，调成中火，加入大料、香叶、冰糖，煸炒5分钟，倒入料酒后迅速盖上锅盖，片刻后倒入生抽、腐乳汁翻炒均匀。（图④～图⑦）

❸ 加入鹌鹑蛋、盐和适量水，中火炖30分钟，再放入鱿鱼块炖10分钟，汁浓稠后翻炒均匀即可。（图⑧）

莴笋含有丰富的磷与钙等，能够促进儿童骨骼的正常发育，预防佝偻病，帮助儿童牙齿正常生长。

增高
补钙

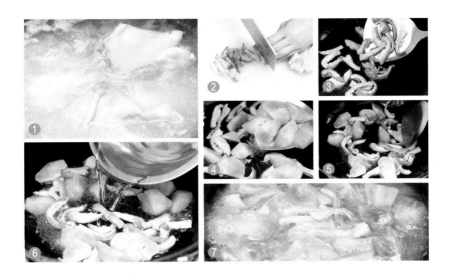

肚条煲笋

材料：

猪肚300克

莴笋300克

火腿适量

调料：

盐半小匙

料酒半大匙

白砂糖1小匙

鸡精1小匙

胡椒粉半小匙

油适量

做法：

❶ 猪肚洗净，用高压锅煮20分钟，煮熟后捞出，切成条状；莴笋去皮，切滚刀块；火腿切条。（图①、图②）

❷ 油锅烧热，下肚条，煸炒出香味后烹入料酒，再下莴笋块、火腿条。炒匀后加入煮猪肚的汤，没过材料，调入盐，烧至莴笋软熟，再调入白砂糖、鸡精、胡椒粉，炒匀即成。（图③～图⑦）

酥香鸡米花

材料：

去骨鸡胸肉300克
姜末适量
葱末适量
鸡蛋1个

调料：

香油1小匙
牛油1小匙
脆浆粉2大匙
盐少许
料酒少许
白胡椒粉少许
油适量

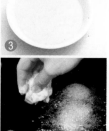

做法：

❶ 鸡胸肉洗净，切丁；其余材料备齐。（图①）

❷ 将鸡胸肉丁放入碗中，加葱末、姜末和除牛油、脆浆粉外的调料抓匀，腌渍入味。（图②）

❸ 牛油放入碗中，化开后加入脆浆粉、蛋液和适量清水调匀成面糊。（图③）

❹ 油锅烧至五成热，将鸡胸肉丁均匀地裹上面糊，再入油锅中炸至金黄且熟透，捞出，沥干油，装盘即可。（图④）

强身
健体

酱爆鸡丁

材料：

鸡脯肉400克
鸡蛋清适量
香菜叶少许

调料：

水淀粉1大匙
白砂糖1小匙
甜面酱1小匙
油适量

做法：

❶ 将鸡脯肉洗净切丁，放入鸡蛋清和水淀粉抓匀，备用。（图①、图②）

❷ 油锅烧热，下入鸡丁滑炒至变白，捞出后控油。（图③）

❸ 锅内留底油烧热，下入甜面酱、白砂糖，炒至起泡、出香味，加入鸡丁迅速翻炒，使酱汁完全裹住鸡丁，炒至鸡丁熟且呈金黄色，出锅。（图④）

❹ 点缀上香菜叶，装盘即可。

蒜香鸡柳

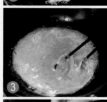

材料：

鸡胸肉丝300克

海蜇皮150克

鸡蛋清适量

蒜末5克

香菜叶少许

调料：

盐半小匙

香油半小匙

醋1小匙

芝麻酱1小匙

白砂糖半小匙

水淀粉半大匙

油适量

做法：

❶ 海蜇皮浸泡去腥味，捞出沥干，切丝。

❷ 鸡胸肉丝放入碗中，加盐、水淀粉、白砂糖、鸡蛋清、香油抓匀后入热油锅中炸至熟，捞出，沥油。（图①、图②）

❸ 油锅烧热，爆香蒜末，放入盐、白砂糖、芝麻酱、醋、适量清水，煮至黏稠后放入鸡胸肉丝大火快炒，用水淀粉勾芡，放入海蜇皮丝翻炒均匀，点缀上香菜叶即可。（图③、图④）

強身
健体

酱烧鸡翅

材料：

鸡翅中450克

胡萝卜50克

黄瓜80克

香菇70克

香菜叶少许

调料：

盐1小匙

叉烧酱1小匙

黑胡椒粉1小匙

生抽半小匙

做法：

1. 鸡翅中洗净，在鸡翅表面剖刀；胡萝卜、黄瓜分别洗净，切丝；香菇去蒂，洗净，切丝，备用。（图①）

2. 鸡翅中放入碗中，加盐、叉烧酱、黑胡椒粉抓匀，腌渍45分钟。（图②）

3. 油锅烧热，放入鸡翅中煎至两面金黄。（图③）

4. 加入生抽、胡萝卜丝、黄瓜丝、香菇丝炒匀，加入适量清水，小火焖煮至汤汁较少时，大火收汁，盛出，点缀上香菜叶即可。（图④）

豆芽肉末鸡腿菇

材料:

鸡腿菇250克

豆芽150克

猪肉末90克

红甜椒50克

葱末10克

姜末10克

调料:

盐半小匙

鸡精1小匙

蚝油1小匙

料酒半大匙

白胡椒粉1小匙

油适量

做法:

❶ 鸡腿菇去蒂,洗净;豆芽洗净;红甜椒洗净,切丁,备用。(图①)

❷ 油锅烧热,放入猪肉末煸炒至断生后,放入葱末、姜末煸炒出香。(图②)

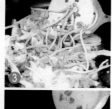

❸ 放入鸡腿菇继续煸炒5分钟,倒入豆芽炒匀,烹入料酒,再倒入蚝油翻炒均匀,然后调入白胡椒粉、盐和鸡精,翻炒均匀后放入红甜椒丁。(图③、图④)

❹ 大火收汁,装碗即可。

姜母鸭

材料：

鸭肉900克
圆白菜30克
金针菇30克
鸿喜菇30克
美白菇30克
姜少许

调料：

醪糟100毫升
盐半小匙
油适量

做法：

① 将鸭肉洗净，切块；姜洗净，切碎；圆白菜洗净，撕大片；三菇均去蒂，洗净。（图①）

② 将鸭肉块放入沸水锅中略汆烫，洗净血污，捞出，沥干水。（图②）

③ 净锅置火上，油锅烧热，放入姜末爆香。

④ 再倒入适量清水和醪糟煮沸，放入鸭肉块再次煮沸后转中小火焖煮。（图③）

⑤ 将熟时放入三菇和圆白菜片，煮至熟透，最后用盐调味即可。（图④）

强身
健体

清香黄瓜猪肝

材料：

黄瓜1根
猪肝200克
蒜末适量
红尖椒少许

调料：

淀粉2小匙
盐半小匙
白砂糖半小匙
胡椒粉半小匙
生抽1小匙

做法：

❶ 猪肝洗净，切片；黄瓜洗净，切圆片；红尖椒去蒂和籽后洗净，切片，备用。（图①）

❷ 锅置火上，倒入适量清水烧开，放入猪肝片氽烫透后捞出，沥干水。将猪肝片放入碗中，加干淀粉拌匀，备用。（图②）

❸ 将猪肝片放入热油锅中，用小火炸1分钟后捞出沥油，备用。（图③）

❹ 锅内留底油烧至五成热，放入蒜末、红尖椒片炒香，放入小黄瓜片大火快炒均匀。（图④）

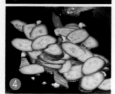

❺ 然后放入猪肝片和剩余调料，炒匀入味即可。

增高
补钙

扁豆炖排骨

材料：

排骨500克
扁豆200克

调料：

盐半小匙
鸡精半小匙
陈醋半大匙
老抽1大匙
白砂糖适量

做法：

❶ 扁豆择洗干净，切成段；排骨洗净，剁成块。
（图①）

❷ 油锅烧热，放入排骨块翻炒至表面呈金黄色。
（图②）

❸ 调入盐，再放入扁豆段，并加入适量水、陈
醋、老抽、白砂糖炖煮。（图③、图④）

❹ 煮至汤汁较少时，大火收汁，加入鸡精调味，
起锅装盘即可。

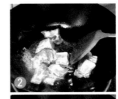

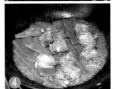

強身
健体

香菇盒

材料：

香菇100克
猪肉泥50克
火腿末30克
鸡蛋1个
薄荷叶少许

调料：

盐半小匙
味精少许
料酒1小匙
鸡汤适量
淀粉适量

做法：

❶ 将香菇泡软，去蒂压平，泡香菇的水留用，鸡蛋打散，其余材料均备齐。（图①）

❷ 取一个香菇在反面撒上淀粉，逐个镶上用猪肉泥、火腿末和鸡蛋液以及盐、味精、料酒调制成的馅心。（图②）

❸ 将另一个香菇覆盖上，入笼蒸熟后，取出备用。（图③）

❹ 锅置火上，倒入鸡汤、香菇水、淀粉略烧一会，然后浇在已熟的香菇盒上，用薄荷叶点缀即可。（图④）

黑木耳香肠炒苦瓜

材料：

苦瓜100克

广东香肠30克

黑木耳30克

蒜10克

调料：

盐适量

鸡精适量

水淀粉适量

白砂糖1小匙

香油1小匙

油适量

做法：

① 黑木耳放入清水中浸泡20分钟，泡发后洗净切条。（图①）

② 苦瓜去子，洗净，切条；香肠蒸熟切片；蒜切片。（图②）

③ 清水锅烧开，下入苦瓜条，用中火煮去其苦味，捞起冲凉。（图③）

④ 油锅烧热，放入蒜片、香肠爆炒几下，加入苦瓜条、黑木耳条、盐、鸡精、白砂糖炒透入味，用水淀粉勾芡，淋香油即可。（图④）

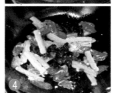

健脑益智

玉米炒火腿

材料：

玉米粒罐头半罐
火腿100克
葱花10克

调料：

盐半小匙
油适量

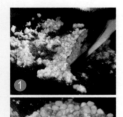

做法：

❶ 准备好所有食材。火腿切丁。油锅烧热，放入
火腿丁炒香。（图①）

❷ 锅内再加入玉米粒和盐炒匀，撒入适量葱花，
盛入盘内即可。（图②~图④）

儿童营养早知道

玉米是粗粮中的保健佳品，对人体的健康颇
为有利。玉米中含有的维生素B_6、烟酸等成分具
有刺激胃肠蠕动、加速粪便排泄的特性，可帮助
儿童预防便秘，促进营养吸收。

护眼
明目

薄荷鲤鱼

材料：

鲤鱼600克
西红柿200克
薄荷叶50克
葱末10克
姜末10克

调料：

盐半小匙
鸡精1小匙
老抽半大匙
料酒半大匙
白砂糖1小匙
油适量

做法：

❶ 鲤鱼处理干净，切块；西红柿洗净，切块；薄荷叶洗净，备用。（图①）

❷ 鲤鱼块加盐、料酒抓匀，腌渍20分钟后，入热油锅中煎至表面呈金黄色，捞出，备用。（图②、图③）

❸ 油锅烧热，放入葱末、姜末炒香，然后放入鱼块、老抽，倒入适量清水，再放入白砂糖、西红柿块，煮至鱼块入味，最后加鸡精翻炒均匀，大火收汁，点缀上薄荷叶即可。（图④）

清烧黄花鱼

材料：
黄花鱼450克
葱10克
姜10克
蒜10克

调料：
大料3克
盐半小匙
白砂糖半小匙
老抽半小匙
油适量

做法：

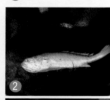

❶ 黄花鱼剖洗干净；葱、姜分别切末；蒜去皮，切末，备用。（图①）

❷ 黄花鱼入热油锅中煎至表面干皱，捞出，沥油，备用。（图②）

❸ 油锅烧热，爆香葱末、姜末、蒜末、大料后，放入适量清水，再调入盐、老抽、白砂糖，然后放入黄花鱼。（图③、图④）

❹ 大火煮沸后转小火，煮至汤汁浓稠，最后大火收汁，盛出即可。

清蒸黄鱼鱼片

材料：

黄鱼1条
葱40克
姜6片
蒜25克
薄荷叶少许

调料：

水淀粉1大匙
盐半小匙
料酒1小匙
油适量

做法：

❶ 黄鱼洗净，取下净鱼肉，斜刀切片，放入碗中，加盐、料酒、水淀粉拌匀上浆；姜切片；葱一半切段，一半切丝；蒜切成蓉。（图①）

❷ 将鱼片放入盘中，加葱段、姜片、蒜蓉、料酒、盐，放上笼屉，入蒸锅中蒸10分钟后取出。（图②、图③）

❸ 放上葱丝，浇上热油，点缀上少许薄荷叶稍装饰即可。（图④）

增高
补钙

清炒小河虾

材料：

小河虾300克

葱末10克

姜末12克

蒜末12克

调料：

胡椒粉少许

盐半小匙

料酒半小匙

鸡精1小匙

油适量

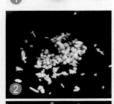

做法：

❶ 将小河虾洗净，沥干。（图①）

❷ 油锅烧热，炒香姜末、蒜末、葱末。（图②）

❸ 烹入料酒，倒入小河虾，以大火翻炒至变色。（图③）

❹ 加少许清水烧沸，加盐、鸡精调味。（图④）

❺ 撒上胡椒粉炒匀，出锅装盘即可。

儿童营养早知道

　　河虾钙质含量非常丰富，带皮吃最补钙，是儿童补钙佳品。

健脑益智

葱香木耳

材料：

水发黑木耳350克
洋葱半个
青椒块70克
葱末15克

调料：

花椒3克
盐半小匙
老抽半小匙
醋1小匙
油适量

做法：

❶ 准备好所有食材。水发黑木耳去蒂，洗净，撕小朵；洋葱去皮，切条，备用。（图①）

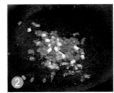

❷ 油锅烧热，爆香花椒、葱末，然后放入黑木耳、洋葱条翻炒均匀。（图②、图③）

❸ 接着放入青椒块略翻炒，最后加盐、老抽、醋，翻炒均匀即可。（图④）

儿童营养早知道

黑木耳富含蛋白质、维生素、矿物质等多种营养成分，经常食用对儿童生长发育十分有益。

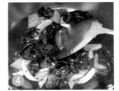

酸菜老豆腐

材料：

老豆腐400克

酸菜50克

青辣椒10克

小米椒10克

调料：

盐1小匙

味精少许

老抽1大匙

做法：

❶ 老豆腐洗净，切长条；酸菜洗净，切碎；青辣椒、小米椒洗净，切圈。（图①）

❷ 油锅烧热，放入老豆腐条煎至金黄，捞出沥油。（图②）

❸ 另起油锅，放入酸菜碎、青辣椒圈、小米椒圈、老豆腐炒匀。（图③）

❹ 炒至熟后，加少许水焖至干，加入盐、味精、老抽，起锅装盘即可。（图④）

蒜香豆腐

材料：

老豆腐1块
葱15克
蒜15克

调料：

梅干酱1大匙
高汤适量
老抽1大匙
油适量

做法：

❶ 老豆腐去余边后，切成小块；葱切丝；蒜去皮，切末，备用。（图①）

❷ 油锅烧热，煸香蒜末，再倒入梅干酱、高汤拌匀，略煮后放入老抽，煮至稠即成料汁，盛出，备用。（图②）

❸ 再次将油锅烧热，放入豆腐块，炸至表面金黄后，捞出，沥油。（图③）

❹ 将豆腐块盛入碗中，然后淋入煮好的料汁，最后点缀上葱丝即可。（图④）

银耳有滋阴补肾、补气的功效，雪梨有润肺清燥、止咳化痰、养血的功效，用此两者熬汤有助于儿童生津止渴、润燥化痰。

强身
健体

银耳雪梨汤

材料:

银耳75克
莲子80克
雪梨1个
枸杞子少许
红枣5颗

调料:

冰糖50克

做法:

1. 银耳洗净,用温水浸泡30分钟,待银耳涨发后,去蒂撕成小朵;莲子去心,洗净;雪梨去皮,切成小块;枸杞子、红枣均用水洗净。(图①)

2. 砂锅加入清水,大火烧开后放入莲子、银耳、雪梨块,改小火慢炖1.5小时。(图②~图④)

3. 待银耳变软、变黏稠,加入枸杞子、红枣、冰糖,煮至冰糖化开即可。(图⑤~图⑦)

儿童营养早知道

桂圆含糖量高，易于人体消化吸收，有良好的滋补作用，还有补血功效，体弱儿童可以经常食用。

预防
贫血

冬瓜桂圆汤

材料：

冬瓜600克（连皮）

罗汉果1个

桂圆20克

调料：

盐适量

做法：

❶ 备齐所有材料。冬瓜洗净，连皮切大块。（图①、图②）

❷ 桂圆去壳，洗净。（图③）

❸ 锅中加水，放入桂圆、罗汉果及冬瓜块。（图④~图⑥）

❹ 煮滚后改以中慢火，煲约2小时，加盐调味即成。（图⑦、图⑧）

儿童营养早知道

芹菜中含有多种人体所需的维生素和矿物质，因其味清香、质甜脆，具有清热、健胃的功效。但是，由于芹菜的纤维素比较多，不易消化吸收，儿童食用时应煮得烂熟一些。

强身
健体

草菇银杏芹菜汤

材料：

鲜草菇160克

银杏80克

芹菜80克

姜1块

调料：

上汤适量

料酒少许

胡椒粉少许

香油少许

油适量

做法：

❶ 准备好所有材料。鲜草菇洗净，切片；银杏去壳、衣及芯，洗净。（图①、图②）

❷ 芹菜洗净，切粒；姜洗净，切末。（图③、图④）

❸ 将草菇片放入沸水中略焯烫，捞出，沥干水。（图⑤）

❹ 油锅烧热，爆香姜末，加入草菇片及银杏，注入上汤及水煲至材料熟透，撒入芹菜粒，加剩余调料调味即成。（图⑥~图⑧）

儿童营养早知道

　　菌菇类食品营养丰富，比如，金针菇含有较齐全的人体必需氨基酸，其中赖氨酸和精氨酸含量尤其丰富，且含锌量比较高，尤其是对儿童的身高和智力发育有良好的促进作用。

健脑
益智

鲜美菇汤

材料:

金针菇50克
白菇50克
茶树菇50克
草菇50克
西蓝花80克
鸡蛋2个

调料:

盐半小匙
白砂糖1小匙
上汤300毫升
油适量

做法:

❶ 备齐所有材料。西蓝花切朵,洗净;所有菇类及西蓝花洗净,均用盐水焯烫后,捞出过凉。金针菇切长段,草菇切小瓣。(图①、图②)

❷ 鸡蛋打散拌匀,加少许食用油、盐及适量凉开水拌匀。(图③、图④)

❸ 将蛋液倒入大碗内,蒸约8分钟,取出。(图⑤、图⑥)

❹ 锅中加上汤煲开,加入少许油、盐及白砂糖,将菇类及西蓝花煮熟,捞出沥干,放在蒸蛋上即成。(图⑦、图⑧)

儿童营养早知道

　　黑豆中粗纤维含量高达4%，常食黑豆可促进儿童消化，防止便秘发生。

健胃消食

玉米黑豆猴头菇汤

材料：

鲜玉米半根
黑豆20克
腰果20克
猴头菇1个
竹笋10克
胡萝卜1根

调料：

盐适量

做法：

❶ 备齐所有材料。黑豆洗净，用水浸泡3小时；玉米切小段；胡萝卜去皮，洗净，切块。（图①~图③）

❷ 腰果洗净，用水浸泡。猴头菇掰开，用水浸泡；竹笋洗净，切小段。（图④、图⑤）

❸ 锅中加水烧开，倒入全部材料，慢火煲1小时。（图⑥、图⑦）

❹ 待煮至所有材料熟时，加盐调味即可。（图⑧）

青豆富含不饱和脂肪酸和大豆磷脂，儿童常食，可保持血管弹性、健脑益智。

健脑
益智

玉米青豆苹果羹

材料：

罐头玉米粒半杯
青豆120克
苹果半个
芹菜粒适量
香菜适量

调料：

上汤1500毫升
盐适量

做法：

❶ 备齐所有材料。苹果去皮、去籽，洗净，用稀盐水略浸，取出，沥干，切丁；芹菜洗净，切粒；香菜洗净，切碎。（图①、图②）

❷ 锅中加水烧开，放入玉米粒、青豆，煮约3~4分钟至材料熟。（图③、图④）

❸ 加入上汤、苹果丁、西芹粒，煲30分钟后加盐、香菜碎即可。（图⑤~图⑧）

菠菜一定要先用开水焯烫后再入汤，否则其含有的草酸易与豆腐中的钙结合，使人体内形成结石，对儿童健康不利。

增高
补钙

翡翠白玉汤

材料：

豆腐500克
菠菜200克

调料：

香油1大匙
鸡汤400毫升
盐1小匙
鸡精半小匙

做法：

❶ 豆腐洗净，切成菱形小片，用开水焯烫一下，捞出沥干水。（图①、图②）

❷ 菠菜洗净，切小段，用开水焯烫一下，沥干水，放在碗内。（图③、图④）

❸ 鸡汤放入锅内烧沸，加入豆腐片、盐、鸡精，大火烧沸后，待豆腐片浮起，去掉浮沫，舀入菠菜碗内，淋入香油即可。（图⑤～图⑧）

苦瓜生吃有清热败火的功效，熟食有清心明目、润肤补肾的功效，儿童经常食用苦瓜可消炎、败火。

护眼
明目

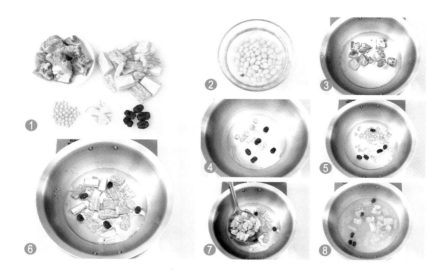

苦瓜排骨汤

材料：

排骨块400克

苦瓜200克

泡发大豆50克

红枣5颗

姜片少许

调料：

盐半小匙

鸡精半小匙

做法：

❶ 苦瓜洗净，去瓤和籽，切块；备好其他食材。（图①、图②）

❷ 排骨块放入沸水中氽烫5分钟，捞出清洗干净。（图③）

❸ 将大豆、红枣、苦瓜块、排骨块、姜片一起放入盛有1500毫升水的炖盅里，隔水炖2小时，加盐和鸡精调味，继续炖15分钟即可。（图④~图⑧）

儿童营养早知道

　　猪蹄含有大量的胶原蛋白，能增强细胞代谢，改善机体生理功能，有助于儿童生长发育和预防骨质疏松。

增高
补钙

老姜鸡蛋猪蹄汤

材料：

鸡蛋3个

老姜20克

猪蹄320克

调料：

甜醋300毫升

黑糯米醋150毫升

白砂糖30克

做法：

❶ 备齐所有材料。老姜去皮洗净，切片；猪蹄洗净，斩块，氽烫后过凉，再用水煮1小时，取出，过凉沥干，备用。（图①~图③）

❷ 鸡蛋放入锅中，加水，煮沸后再煮约20分钟，去壳，备用。（图④、图⑤）

❸ 锅中加水，放入鸡蛋、猪蹄，用慢火煲1小时。（图⑥、图⑦）

❹ 加甜醋、黑糯米醋、白砂糖及姜片煮开，慢火续煲2~3小时，直至猪蹄熟软入味即可。（图⑧、图⑨）

儿童营养早知道

五花肉富含优质蛋白质和人体必需的脂肪酸，其所含的半胱氨酸能有效改善儿童缺铁性贫血。

预防
贫血

香滑肉丸粥

材料：

大米100克

五花肉240克

干贝40克

姜末8克

葱丝8克

葱末8克

香菇15克

青甜椒丝15克

红甜椒丝15克

调料：

盐半小匙

香油1小匙

胡椒粉半小匙

淀粉3小匙

老抽1小匙

做法：

❶ 准备好所有材料。大米洗净，拌入少许盐和油，腌约20分钟；干贝切粒；五花肉切末。（图①）

❷ 将干贝、大米放入锅中，大火烧开，改小火煲40～50分钟。（图②、图③）

❸ 香菇洗净，切片；肉末加所有调料及姜末、葱末搅拌均匀，捏成肉丸。（图④～图⑥）

❹ 粥煲好后，放入香菇片及肉丸煮熟，撒上青甜椒丝、红甜椒丝、葱丝即可。（图⑦～图⑨）

　　鸭肉的营养和药用价值都很高，富含蛋白质、钙、磷、铁和多种维生素等营养成份，对儿童贫血、食少有明显的食疗功效。

预防
贫血

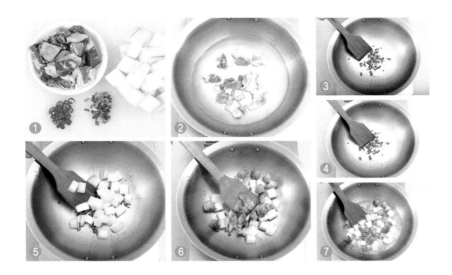

鸭肉冬瓜汤

材料：

鸭肉200克

冬瓜150克

葱花15克

小米椒碎15克

调料：

盐半小匙

鸡精1小匙

胡椒粉半小匙

醋1小匙

做法：

❶ 鸭肉剁块；冬瓜处理干净，切滚刀块；备好其他食材。（图①）

❷ 鸭肉块、冬瓜块分别放入沸水中焯烫，捞出沥干。（图②）

❸ 油锅烧热，用葱花、小米椒碎爆香，放入冬瓜煸炒1分钟，放入鸭肉块。（图③～图⑥）

❹ 加适量水，小火煲至汤色乳白时，加盐、鸡精、胡椒粉调味，淋入醋拌匀装碗即可。（图⑦）

儿童营养早知道

　　猴头菇名列"四大名菜"之一，含丰富蛋白质、脂肪、碳水化合物、粗纤维、钙、硫胺素、核黄素和7种人体必需氨基酸，营养价值极高，非常适合儿童食用。

健脑
益智

猴头菇鲍鱼炖鸡

材料：

干猴头菇80克
急冻鲍鱼40克
鸡1只
猪肉40克
姜适量
葱适量

调料：

料酒适量
盐少许

做法：

❶ 备齐所有材料。葱洗净，切段；姜洗净，切片；猪肉洗净，切片。（图①）

❷ 猴头菇用水浸泡约1小时，洗净，撕成小朵，放入加料酒的水中焯烫，过凉。（图②、图③）

❸ 鲍鱼解冻，洗净，开边。（图④）

❹ 将鸡肉与猪肉片均洗净，分别氽烫，捞出过凉。（图⑤、图⑥）

❺ 锅中加水，放入所有材料，烧开后改用中火煲约3小时，最后加盐调味即可。（图⑦、图⑧）

健脑
益智

粉丝冻豆腐汤

材料：

冻豆腐1块

粉丝50克

香菜段8克

调料：

清汤300毫升

盐1小匙

鸡精1小匙

胡椒粉1小匙

做法：

❶ 冻豆腐解冻之后用清水洗净，沥干，切小块；
粉丝放入清水中泡发，备用。（图①）

❷ 锅置火上，倒入清汤烧开，加冻豆腐块煮至入
味。（图②）

❸ 放入泡发好的粉丝，加盐、鸡精煮熟。（图③）

❹ 煮好后撒香菜段和胡椒粉拌匀即成。（图④）

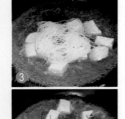

儿童营养早知道

豆腐中含有丰富的大豆卵磷脂，有益于儿童
神经、血管、大脑的发育。

强身健体

竹笋豆腐丝瓜汤

材料：

丝瓜100克
豆腐50克
竹笋50克

调料：

盐1小匙
香油半小匙
鲜汤300毫升

做法：

❶ 豆腐、竹笋分别切成厚片；丝瓜去皮与瓤，切片。（图①）

❷ 锅中加入适量鲜汤，用大火烧开，然后放入豆腐片。（图②）

❸ 再下入竹笋片、丝瓜片同煮。（图③）

❹ 煮至食材熟软，撒盐，淋香油即可。（图④）

儿童营养早知道

丝瓜中维生素C含量较高，可帮助儿童抵抗坏血病及预防各种维生素C缺乏症。

荸荠紫菜汤

材料:

猪瘦肉100克

紫菜100克

荸荠8个

豆腐适量

姜片适量

调料:

盐适量

做法:

❶ 紫菜浸透泡发，淘洗干净；豆腐洗净，切块；荸荠去皮后与猪瘦肉分别洗净，猪瘦肉切块，备用。（图①）

❷ 锅中加入适量清水，大火烧沸，入荸荠、豆腐块、紫菜、猪瘦肉块、姜片后继续煮5分钟，然后改小火继续煲30分钟，出锅前加盐搅匀即成。（图②~图④）

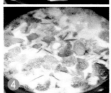

增高
补钙

山药小排鲜汤

材料：

小排骨350克
山药50克
葱段少许
姜片少许

调料：

料酒1大匙
清汤适量
盐适量
鸡精适量

做法：

❶ 山药去皮，洗净，切块；小排骨斩成段，放入
沸水中氽烫片刻，捞出洗净。（图①）

❷ 将小排骨块放大碗中，加料酒、葱段、姜片，
上笼蒸熟。（图②）

❸ 锅置火上，放入蒸熟的排骨，加入山药块、清
汤煮沸。（图③）

❹ 撇去浮沫，加入盐、鸡精调味即可。（图④）

强身
健体

木耳海带牛肉汤

材料：

熟牛肉块500克

海带150克

西红柿片200克

香菇50克

黑木耳30克

葱花10克

姜丝10克

调料：

清汤适量

盐1小匙

鸡精1小匙

五香粉1小匙

香油半小匙

做法：

❶ 海带用温水浸泡6小时，洗净，切片；香菇、黑木耳用温水泡发后洗净；备好其他食材。（图①）

❷ 油锅烧热，放入葱花、姜丝煸香，加入西红柿片、海带片煸透。（图②、图③）

❸ 加清汤煮沸，投入牛肉块、香菇、黑木耳，改小火煮30分钟，加盐、鸡精、五香粉调味，淋香油即可。（图④）

护眼
明目

萝卜羊肉汤

材料：

羊肉300克
白萝卜200克
姜10克
香菜10克

调料：

盐1小匙
胡椒粉半小匙
醋1小匙

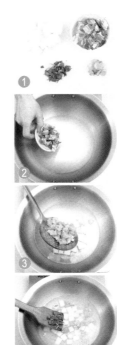

做法：

❶ 羊肉洗净，切小块；白萝卜洗净，切小块；香
菜洗净，切段；姜切片。（图①）

❷ 羊肉块放入沸水中氽烫，捞出沥干。（图②）

❸ 将锅中加适量水，放入姜片、白萝卜块、盐、
大火烧开，放入羊肉块，改小火煮至羊肉块熟
烂，加入香菜段、胡椒粉、醋搅拌均匀即可。
（图③、图④）

预防
贫血

奶香鸡汤

材料：

鸡肉600克

红枣5颗

姜适量

调料：

鲜奶1000毫升

高汤1000毫升

盐适量

做法：

❶ 鸡肉洗净，切块，入沸水中氽烫一下；姜切片；备好其他食材。（图①、图②）

❷ 锅内倒入高汤、鲜奶，放入鸡块、红枣及姜片，大火煮开。（图③、图④）

❸ 加锅盖，改小火煮2小时，起锅前加入盐调味即可。

儿童营养早知道

　　红枣有补脾和胃、益气生津、养血止血的功效；牛奶中含有丰富的钙。此汤可帮助儿童益气补血、补钙。

护眼
明目

土豆西红柿鸡腿煲

材料：

鸡腿500克
土豆150克
西红柿块150克
芹菜块30克
胡萝卜40克
豌豆荚20克

调料：

盐1小匙
鸡高汤2000毫升

做法：

❶ 准备好所有食材。鸡腿洗净，剁块；土豆去皮
   洗净，切块；豌豆荚择去老筋后洗净，备用。
   （图①）

❷ 将豌豆荚放入沸水锅中焯烫至熟透，沥干水，
   捞出，备用。（图②）

❸ 油锅烧热，放入鸡腿块煎至两面金黄。（图③）

❹ 再放入除豌豆荚外的剩余材料炒匀，放入调
   料，小火炖煮半个小时至熟透入味。（图④）

❺ 放入豌豆荚略煮，搅拌均匀即可。

強身
健体

火腿白菜煲土鸡

材料：

土鸡1只
白菜心300克
金华火腿60克
姜片40克

调料：

料酒2大匙
盐1小匙

做法：

❶ 准备好所有食材。白菜心、金华火腿均洗净，切块；土鸡放入沸水中氽烫约5分钟，捞出洗净，斩块，备用。（图①）

❷ 煲锅中倒入3000毫升水烧开，加入土鸡块、金华火腿块及姜片，以中火煲90分钟。（图②）

❸ 再加入白菜心块继续煲40分钟，加入料酒和盐即可。（图③、图④）

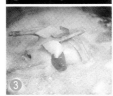

强身
健体

萝卜橙香鸽肉汤

材料：

乳鸽1只

白萝卜100克

胡萝卜100克

姜片适量

葱丝适量

橙皮少许

调料：

盐适量

料酒适量

做法：

❶ 乳鸽去头、爪、内脏，处理干净后洗净，入沸水中氽烫去血污，备用。（图①）

❷ 白萝卜、胡萝卜分别洗净，切块；橙皮切丝，备用。

❸ 锅内加水烧沸，入鸽肉烧沸，再加入姜片、料酒、白萝卜块、胡萝卜块、橙皮丝，煲30分钟左右，加盐调味，出锅前入葱丝即成。（图②～图④）

豆苗香菇萝卜汤

材料：

白萝卜150克

水发香菇80克

豌豆苗50克

调料：

料酒1大匙

胡椒粉半小匙

盐半小匙

鸡精半小匙

清汤适量

做法：

❶ 香菇洗净，切丝；白萝卜洗净，切细丝；豌豆苗洗净。（图①）

❷ 白萝卜丝和香菇丝分别放入沸水中，焯烫至八成熟，捞出；豌豆苗放入沸水中焯烫一下，捞出。（图②、图③）

❸ 锅内加清汤、料酒、盐、鸡精，烧沸后撇净浮沫。

❹ 加入豌豆苗、香菇丝、白萝卜丝，撒上胡椒粉，待所有材料熟后出锅即可。（图④）

乳香五花肉

材料：

五花肉400克

姜片20克

香菜3克

腐乳适量

调料：

腐乳汁少许

冰糖3块

醋1小匙

料酒1大匙

做法：

❶ 五花肉洗净，切成方块，入凉水浸泡15分钟。（图①）

❷ 取一锅，入姜片、五花肉块，加水没过肉块，下入醋、料酒，大火烧沸，撇去浮沫。（图②）

❸ 水沸后，调成小火，盖上锅盖慢炖60分钟，入腐乳汁，将腐乳压碎再入锅中。开盖煮6分钟，调成大火，入冰糖，转大火，待汤汁变稠时，放香菜点缀即可。（图③、图④）

健脑益智

话梅芒果冰粥

材料：

大米100克

话梅50克

猕猴桃50克

芒果150克

调料：

冰糖50克

做法：

❶ 将大米用清水浸泡半小时；猕猴桃和芒果去皮，切小块。（图①）

❷ 锅中加入话梅和适量清水，煮沸。（图②）

❸ 倒入淘洗后沥干的大米，再次大火煮开后，转小火慢煮，直至黏稠。（图③）

❹ 关火后放入冰糖，搅至化开。（图④）

❺ 放凉后，再放入冰箱冷藏半小时，然后放入猕猴桃块和芒果块拌匀即可。

第二章

儿童
特色食谱
推荐

　　儿童挑食、厌食是困扰很多家长的问题，为了轻松应对儿童挑食、厌食问题，爸爸妈妈们可从厨房下手，为儿童准备花样繁多、简单易做的特色食谱，帮助儿童探索各种滋味，充分享受美食的乐趣。

春卷营养丰富，含肉类、蔬菜、菌菇类等各种食材，可帮助儿童生长发育，有利儿童健康。

强身
健体

☺ 诱惑小吃

炸春卷

材料：

春卷皮15张

猪肉200克

杏鲍菇200克

韭菜300克

面糊适量

蒜片适量

调料：

太白粉1大匙

老抽1大匙

盐适量

醪糟适量

白胡椒粉适量

做法：

❶ 猪肉洗净，切丝，加盐、醪糟、太白粉抓匀后腌渍至入味。（图①）

❷ 杏鲍菇洗净，切丝；韭菜择洗干净，沥干后切段。（图②）

❸ 油锅烧热，炒香蒜片，放入猪肉丝，炒至变色。（图③）

❹ 倒入杏鲍菇丝翻炒2～3分钟，再放入韭菜段及老抽、盐、白胡椒粉拌炒均匀，做成馅料，备用。（图④）

❺ 取春卷皮摊开，放入适量做好的馅料。（图⑤）

❻ 将春卷皮从下向上折起，包住馅料，再将两边向中间翻折过来。（图⑥）

❼ 包住馅料的部分接着向上卷起，在顶边刷上少许面糊，卷紧。（图⑦）

❽ 将所有的春卷生坯包好，统一封口朝下放置在案板上。

❾ 锅内倒油烧热，下入春卷生坯，使用中火煎制。

❿ 煎至两面呈金黄色，捞出后沥干油，装盘即可。（图⑧）

开胃
消食

花生瓦片

材料：

蛋清75克

细砂糖125克

色拉油35毫升

花生碎125克

低筋面粉30克

奶粉10克

烘焙：

烤箱中层

上火170℃

下火140℃

20分钟左右

做法：

❶ 蛋清中加入细砂糖搅拌均匀，直至细砂糖化开。（图①）

❷ 加入25毫升色拉油搅拌均匀。（图②）

❸ 加入花生碎搅拌均匀。（图③）

❹ 将低筋面粉、奶粉混合过筛，加入蛋清中，搅拌均匀成可流动的面糊。（图④）

❺ 在烤盘表面均匀地刷上一层色拉油防粘。（图⑤）

❻ 将面糊装入裱花袋，在烤盘上挤出瓦片，用手轻轻压平，面糊越薄越好。（图⑥、图⑦）

❼ 将烤盘放入提前预热好的烤箱中层，上火170℃，下火140℃，烘烤约20分钟即可。

开胃
消食

火腿三明治

材料：

白吐司1个

沙拉酱80克

生菜70克

火腿150克

酸黄瓜80克

番茄沙司100克

做法：

❶ 将白吐司切成大小一致的正方形面片。（图①）

❷ 将火腿切成厚度一致的火腿片；酸黄瓜切片。（图②、图③）

❸ 取2片吐司面包片为一组。用裱花袋在底层吐司切片表面均匀地挤上一层沙拉酱。（图④）

❹ 在沙拉酱表面放上适量生菜、火腿片，再次挤上一层沙拉酱，放上少许酸黄瓜片。（图⑤）

❺ 在酸黄瓜表面挤上些许番茄沙司，盖上另一层吐司切片，对角切成等腰三角形即可食用。（图⑥～图⑧）

开胃
消食

香酥核桃饼干

材料：

面糊：

黄油300克

糖粉200克

鸡蛋100克（约2个）

低筋面粉460克

奶粉30克

核桃仁100克

表面：

细砂糖适量

烘焙：

上火180℃

下火130℃

20分钟

做法：

❶ 黄油提前放置室温下软化；低筋面粉、奶粉混合过筛。

❷ 黄油软化后加入糖粉，用打蛋器搅打至体积膨胀，颜色发白。（图①）

❸ 鸡蛋打散，将蛋液分2次加入黄油混合物中，充分混合后再加入下一次，搅打至混合物细腻、有光泽。（图②、图③）

❹ 将核桃仁切碎，过筛后的低筋面粉、奶粉加入核桃碎中搅匀。（图④）

❺ 将过筛后的粉类和核桃碎分次加入黄油混合物中，用橡皮刮刀搅拌成无干粉的面糊后，用手揉成面团。（图⑤、图⑥）

❻ 将面团分割成三等份，擀成圆柱形，用油纸卷好后冷冻40分钟。

❼ 将冷冻好的面团从冰箱取出，揭去表面的油纸后，将面团放入细砂糖内来回滚动，使得糖粒均匀地粘在面团表面。（图⑦）

❽ 将面团切成厚度约为0.5厘米的圆面片，放入烤盘中，放入提前预热好的烤箱中层，上火180℃，下火130℃，烘烤20分钟即可出炉。（图⑧）

开胃
消食

百里香饼干

材料：

黄油225克

糖粉115克

鸡蛋90克（约2个）

低筋面粉380克

奶粉20克

红椒粉5克

黑胡椒粉5克

干燥珠葱3克

烘焙：

烤箱中层

上火180℃

下火130℃

20分钟左右

做法：

❶ 黄油提前放置室温下软化；低筋面粉、奶粉分别过筛。

❷ 黄油软化后加入糖粉，用手动打蛋器搅打至顺滑状。鸡蛋打散，分3次加入黄油混合物中，搅打至细腻、有光泽。（图①~图③）

❸ 将过筛后的低筋面粉、奶粉搅拌均匀，加入红椒粉、黑胡椒粉、干燥珠葱后，用手搅拌均匀，分次加入黄油混合物中，用橡皮刮刀翻拌均匀，揉成面团。（图④、图⑤）

❹ 将面团分割成大小均匀的小面团，搓成长条后，将面团放在油纸上卷起，用刀子轻压面团，进行整形。将整形好的面团用油纸包好后，放入冰箱冷冻40分钟。（图⑥）

❺ 从冰箱取出冷冻好的面团，揭开表面油纸，切成厚度约为0.5厘米的薄片，间隔整齐地放入烤盘中。将烤盘放入提前预热好的烤箱中层，上火180℃，下火130℃，烘烤20分钟左右，即可出炉。（图⑦、图⑧）

巧克力杏仁饼

材料：

无盐奶油120克

白砂糖80克

牛奶15毫升

鸡蛋1个

低筋面粉230克

无糖可可粉40克

杏仁片150克

烘焙：

烤箱中层

上火160℃

下火160℃

16～20分钟

做法：

❶ 低筋面粉与无糖可可粉均过筛；无盐奶油放置室温回软。（图①）

❷ 无盐奶油切小块后加入白砂糖，用打蛋器打成乳霜状。（图②、图③）

❸ 鸡蛋打散，将全蛋液及牛奶分次加入奶油中搅拌均匀。（图④）

❹ 将过筛的粉类分次加入其中搅拌均匀，混合成面团。（图⑤、图⑥）

❺ 最后在面团表面滚上一层杏仁片。（图⑦）

❻ 将混合完成的面团用手整形成2个圆柱形，放到案板上。（图⑧）

❼ 将面团用保鲜膜包裹起来，冷冻2～3个小时，至面团变硬。（图⑨）

❽ 将冷冻好的面团切成厚约0.5厘米的饼干片。间隔整齐摆放在烤盘中
的高温垫上，放入已经预热到160℃的烤箱中层，上火160℃，下火
160℃，烘烤16～20分钟即可。（图⑩）

咸酥饼干

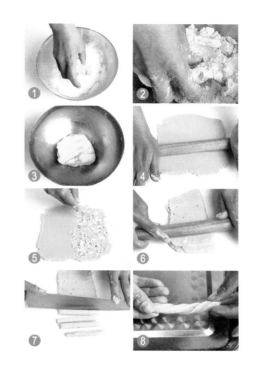

材料：

高筋面粉80克

低筋面粉20克

无盐奶油35克

冰全蛋液1个

盐适量

冰水适量

帕梅森起司粉适量

综合干燥香草适量

全蛋液少许

烘焙：

烤箱中层

上火160℃

下火160℃

15～18分钟

做法：

❶ 奶油从冰箱取出，切成小丁状；高筋面粉、低筋面粉分别过筛。

❷ 将面粉和奶油小丁放入盆中，揉搓均匀。（图①）

❸ 将冰全蛋液及盐倒入，用手揉成面团。（图②、图③）

❹ 将面团用保鲜膜包好后放冰箱冷藏1小时，直至变硬。

❺ 将面团从冰箱移出，用擀面杖擀成大片方形。（图④）

❻ 在面团表面均匀地刷上一层全蛋液，然后在面团一半的部位均匀地撒
上帕梅森起司粉及综合干燥香草。（图⑤）

❼ 将另一半的面皮覆盖过来，用擀面杖将面团压实。（图⑥）

❽ 用刀将面团切成约1厘米宽的长条，拧成麻花状。（图⑦、图⑧）

❾ 将饼干条间距整齐地摆放烤盘上，放入预热到160℃的烤箱中层，上下
火均160℃，烘烤15～18分钟至饼干呈金黄色即可。

开胃
消食

卡通彩绘蛋糕卷

材料：

面糊：

牛奶130毫升

细砂糖50克

色拉油120毫升

低筋面粉180克

泡打粉3克

玉米淀粉20克

蛋黄160克

蛋白：

蛋清400克

塔塔粉4克

细砂糖170克

馅料：

甜奶油适量

做法：

❶ 准备12～15个鸡蛋，分离蛋清和蛋黄；低筋面粉、玉米淀粉、泡打粉混合过筛。将50克细砂糖、牛奶、色拉油放入盆中，搅拌均匀。（图①）

❷ 将过筛后的粉类分次倒入上述做法的液体中，搅拌至没有干粉颗粒。分2次加入蛋黄，用打蛋器搅拌均匀。（图②）

❸ 蛋清中加入塔塔粉，搅拌均匀后分3次加入细砂糖，待其化开后，打发成鸡尾状。将打发的蛋白分次倒入蛋黄糊中，搅拌成蛋糕糊。取少许，盛入两个小碗中，加红、绿食用色素，拌匀。（图③～图⑤）

❹ 将放有色素的蛋糕糊分别装入裱花袋中，挤出草莓状。（图⑥）

❺ 将剩余蛋糕糊倒在烤盘上，抹平，放入提前预热好的烤箱中层，上火190℃，下火160℃，烘烤20分钟，取出，揭去表面油纸，放凉。（图⑦）

❻ 将甜奶油打发。待蛋糕冷却后，翻面，切去多余边角，抹上甜奶油，抹平后用手轻轻卷起，冷藏30分钟后切块食用即可。（图⑧）

菠萝含有丰富的B族维生素，能有效地滋养肌肤，防止皮肤干裂，同时也可以消除儿童身体的紧张感并增强其机体的免疫力。

强身
健体

🧑 四季沙拉

火龙果菠萝沙拉

材料：

火龙果1个
菠萝1个
蛋白1份

调料：

沙拉酱50克

做法：

❶ 火龙果洗净，去皮，切丁；菠萝洗净，去皮，将一半菠萝切丁；蛋白切丁，备用。（图①～图⑤）

❷ 将另一半菠萝切末后与沙拉酱拌匀制成菠萝沙拉酱。

❸ 将菠萝沙拉酱与菠萝丁、火龙果丁、蛋白丁拌匀即可食用。（图⑥～图⑨）

　　罗汉笋中植物蛋白、维生素及微量元素的含量均很高，有助于增强儿童机体免疫力，提高儿童防病抗病能力。

强身
健体

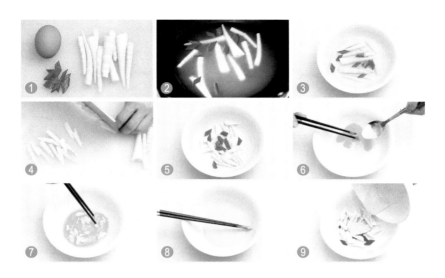

沙拉笋

材料：

罗汉笋600克
鸡蛋1个
红甜椒片适量
淘米水适量

调料：

白醋1小匙
白砂糖半小匙
盐少许
沙拉酱适量

做法：

❶ 罗汉笋洗净，连皮一起放入淘米水中，放入红甜椒片煮至水开，熄火。取出罗汉笋和红甜椒片，用清水冷却，再放入冰箱冷藏1小时，取出剥壳后切段。（图①～图⑤）

❷ 鸡蛋打入碗中，加入白醋、白砂糖，边打边加入盐。（图⑥）

❸ 再将适量沙拉酱缓缓倒入，边倒边打匀，打至浓稠。（图⑦、图⑧）

❹ 将搅打好的沙拉酱倒在罗汉笋块上用筷子拌匀即可。（图⑨）

儿童营养早知道

　　生菜含有多种维生素和矿物质，具有调节神经系统功能的作用。生菜还富含人体可吸收的铁元素，儿童经常食用具有补铁功效。

预防贫血

生菜鸡肉沙拉

材料：

圆生菜半个

苦菊3根

小西红柿2个

鸡胸肉60克

熟鸡蛋1个

调料：

洋葱末1大匙

熏肉末1大匙

无盐黄油1块

芥末5大匙

鲜奶油3大匙

胡椒粉少许

香辣粉少许

水淀粉适量

做法：

❶ 锅置火上，放入黄油化开，放入熏肉末和洋葱末炒至微黄，然后将其余调料（香辣粉、水淀粉除外）放入，搅拌均匀，备用。（图①）

❷ 将苦菊剪成小段；圆生菜撕块；小西红柿切块；熟鸡蛋去皮，切4等份。（图②～图⑤）

❸ 锅置火上，放入香辣粉与水淀粉翻炒，放入鸡胸肉混合均匀。（图⑥、图⑦）

❹ 将处理好的蔬菜、炸鸡块和鸡蛋块装盘，食用时蘸取调料即可。（图⑧）

羊肉营养丰富，儿童冬季常食，不仅可抗寒保暖，提高抵抗力，还可保护胃壁，有助消化。

增高
补钙

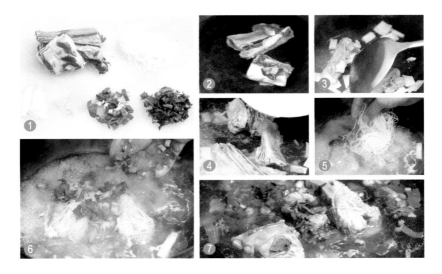

银丝羊排清汤

材料：

羊排300克

粉丝100克

香菜10克

蒜苗10克

葱15克

姜15克

调料：

桂皮少许

盐1小匙

鸡精1小匙

料酒半大匙

草果少许

花椒5克

做法：

❶ 羊排洗净，入沸水中余烫；粉丝泡发；香菜、蒜苗分别洗净，切碎；葱洗净，切葱花；姜洗净，切片，备用。（图①、图②）

❷ 取一炖锅，加足量水，加入羊排，调入葱花、姜片拌匀，调入料酒、草果、花椒、桂皮煮出香味，大火烧沸后，改成小火炖150分钟。（图③、图④）

❸ 锅中加入粉丝，调入盐、鸡精，沸腾后起锅，食用时调入香菜碎、蒜苗碎即可。（图⑤~图⑦）

　　儿童经常食用多种水果，可补充其生长发育所需的维生素和多种矿物质，均衡摄入营养，提高自身抵抗力。

健脑益智

什果沙拉

材料：

西红柿40克

猕猴桃40克

水蜜桃40克

菠萝30克

黄瓜30克

洋葱丝少许

调料：

生抽半小匙

白醋半小匙

香油1小匙

熟白芝麻半小匙

白砂糖1小匙

盐半小匙

做法：

❶ 菠萝、猕猴桃分别取肉，切块；水蜜桃洗净，切块；西红柿、黄瓜分别切块。（图①）

❷ 将菠萝块放入盐水中浸泡片刻，备用。（图②）

❸ 锅中放入生抽、白砂糖煮开，关火滴入白醋、香油拌匀，冷却后制成调味汁。（图③、图④）

❹ 所有水果块一起装碗，淋上调味汁。（图⑤~图⑦）

❺ 放上洋葱丝。（图⑧）

❻ 再淋上调味汁，撒上熟白芝麻，拌匀即可。（图⑨）

增高
补钙

蟹肉煎饼

材料：

罐头甜玉米粒100克

蟹肉100克

鸡蛋1个

葱适量

调料：

面粉50克

白砂糖1小匙

白胡椒粉半小匙

盐半小匙

油适量

做法：

❶ 准备好所有食材。葱洗净，切末；蟹肉洗净，切丁。（图①）

❷ 碗内加水，投入玉米粒，打入鸡蛋，倒入蟹肉、面粉和葱末，加入白胡椒粉、盐和白砂糖拌匀，备用。（图②~图⑤）

❸ 油锅烧至五成热，缓缓倒入面糊，待两面煎至金黄色时盛出，切块后装盘即可。（图⑥~图⑧）

蛋皮饺子

材料：

鸡蛋10个

面粉50克

猪肉末1000克

葱末50克

姜末10克

调料：

生抽1大匙

胡椒粉半小匙

面糊适量

白砂糖1小匙

盐适量

植物油1大匙

做法：

❶ 猪肉末放入碗中，加一部分葱末、姜末、盐、白砂糖、胡椒粉和生抽搅拌均匀，静置10分钟，做成馅料。（图①）

❷ 鸡蛋打入盆中，放入面粉。（图②）

❸ 再放入1大匙植物油，搅拌均匀成蛋液。

❹ 将不锈钢饭勺置于火上烧热，再加入少许植物油晃匀。然后往饭勺中加入适量蛋液，转动勺体，使蛋液铺匀，烧至蛋液凝固，即做成了饺子蛋皮。（图③、图④）

❺ 将饺子蛋皮放在手心，中间放入馅料，再在蛋皮边缘抹少许面糊。（图⑤）

❻ 将面皮对折，捏紧边缘，即成蛋饺生坯。（图⑥）

❼ 锅内倒入少许油烧热，爆香葱末、姜末。（图⑦）

❽ 依次放入蛋饺生坯。

❾ 放入剩余调料和少许水，大火烧开，转小火略煎20分钟，至两面金黄且熟透盛出装盘即可。（图⑧）

虾仁糯米汤圆

材料：

糯米100克

鲜虾仁100克

玉兰片丁100克

胡萝卜丁50克

水发香菇丁15克

葱末10克

姜末10克

调料：

糯米粉350克

料酒2小匙

香油1小匙

胡椒粉1小匙

盐1小匙

鸡精少许

做法：

❶ 准备好所有食材。虾仁洗净，捞出沥干。糯米用水泡软，捞出沥干；将糯米粉放入碗内，加水和匀，分成小面团。（图①）

❷ 所有材料。（除糯米）放入碗内，加香油、料酒、胡椒粉、盐和鸡精拌匀，用糯米团子将拌匀的材料包成汤圆。（图②、图③）

❸ 将汤圆蘸上糯米，上笼蒸熟即可。（图④）

玉米馄饨

材料：

馄饨皮100克

玉米粒250克

猪肉末150克

葱20克

芹菜叶少许

调料：

盐1小匙

鸡精半小匙

白砂糖2小匙

香油2小匙

做法：

❶ 玉米粒洗净；葱洗净后切末。（图①）

❷ 将玉米粒、猪肉末和葱末放入碗中，再加入全部调料拌匀。（图②）

❸ 在馄饨皮内放入适量馅料。（图③）

❹ 将两边对折，边缘捏紧。

❺ 将两边的皮向中间弯拢捏紧，做成馄饨生坯。（图④）

❻ 锅置火上加水烧开，放入馄饨生坯，盖上锅盖煮3分钟，起锅装碗，点缀上芹菜叶即可。

护眼明目

莲子西红柿炒面

材料：

面条100克

莲子15个

西红柿1个

蒜3瓣

调料：

料酒1大匙

盐半小匙

白胡椒粉少许

高汤适量

玉米油适量

做法：

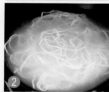

❶ 蒜切片；西红柿去皮，切丁；莲子用水泡软后，入沸水中焯烫至熟，捞出，备用。（图①）

❷ 面条以开水煮熟，捞出备用。（图②）

❸ 锅中倒入玉米油，爆香蒜片，放入莲子，淋上料酒、高汤，翻炒片刻。（图③）

❹ 最后加入西红柿丁炒软，加入面条和剩余调料拌炒，至汤汁收干即可。（图④）

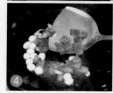

护眼
明目

西红柿打卤面

材料：

挂面200克

西红柿200克

鸡蛋2个

葱花适量

调料：

料酒1大匙

盐1小匙

白砂糖1小匙

油适量

做法：

❶ 鸡蛋磕入碗中，加入少许清水和料酒，打散；西红柿去皮，切成大小均匀的块。（图①）

❷ 油锅烧热，倒入蛋液炒至松散、凝固后盛出。

❸ 再次将油锅油烧热，倒入西红柿块翻炒。

❹ 炒至西红柿溢出汤汁时，倒入炒好的鸡蛋翻炒，撒入盐、白砂糖炒匀。（图②）

❺ 炒匀后加入适量清水，待汤汁变稠后撒入葱花，制成卤汁，盛出。（图③）

❻ 锅中倒入清水，大火煮开后放入挂面煮熟，捞出沥干，盛碗，浇上卤汁即可。（图④）

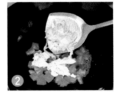

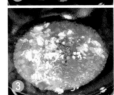

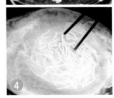

银芽肉丝炒面

材料：

细面条500克

猪瘦肉丝150克

绿豆芽250克

水发黑木耳50克

红甜椒丝25克

葱花25克

调料：

料酒1小匙

盐半小匙

老抽1大匙

鲜汤200克

水淀粉1大匙

油适量

做法：

❶ 绿豆芽择洗干净；水发黑木耳洗净，切丝；猪瘦肉丝用水淀粉、盐、老抽抹匀。

❷ 将细面条放入蒸锅内蒸熟。（图①）

❸ 油锅烧热，下猪瘦肉丝炒散，烹入料酒、绿豆芽、黑木耳丝、红甜椒丝炒匀，加盐、蒸熟的细面条炒制，再加入鲜汤、葱花即可。（图②~图④）

强身
健体

三丝春卷

材料：

春卷皮200克
白萝卜150克
胡萝卜150克
莴笋150克

调料：

盐1小匙
鸡精半小匙
生抽少许
甜面酱适量

做法：

❶ 准备好所有食材。白萝卜、胡萝卜、莴笋分别洗净，去皮后切丝，用盐腌渍后冲净盐分，沥干。（图①）

❷ 将春卷皮包入三种菜丝，制成春卷。（图②、图③）

❸ 用鸡精、生抽调成味汁；甜面酱另放入碟中。（图④）

❹ 将春卷装入盘子中，配味汁、甜面酱，即可食用。

健脑
益智

家常腊肉煲仔饭

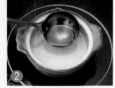

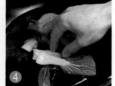

材料：

油菜适量
大米适量
鲜香菇少许
广式香肠片少许
腊肉片少许

调料：

白砂糖1大匙
盐半小匙
老抽少许
生抽适量
香油少许

做法：

❶ 大米浸泡30分钟后倒入砂锅中，加入适量清水。（图①）

❷ 开大火煮开后转小火，淋入1小匙植物油搅拌均匀，续煮约10分钟。（图②）

❸ 将鲜香菇洗净，切片。待米锅内水分快收干时，放入香菇片、香肠片和腊肉片，小火续焖10分钟。将所有调料调成味汁，备用。（图③）

❹ 将油菜掰开，洗净，焯烫一下。放入焖好的米饭中，淋上调好的味汁即可。（图④）

专题：儿童营养直通车

儿童不吃蔬菜脸上长出"虫斑"怎么办

孩子脸上长出白色的"虫斑"，学名为白色糠疹。临床发现，80%的患儿有挑食的毛病，由于营养失衡，造成体内多种维生素的缺乏，而引起的皮肤表现。当儿童脸上长出"虫斑"后，家长应第一时间带儿童去医院就诊。同时，应为儿童进行面部清洁，洗净儿童脸上的灰尘、汗渍等污染物。在饮食上，更需注意均衡营养，合理搭配，纠正儿童偏食的坏习惯。

如何判断儿童是否肥胖

◎ 年龄测量体重法。2～12岁儿童的标准体重计算公式为：体重（千克）=年龄（岁）×2+8。

◎ 计算体重指数BMI法。对于年龄相当的儿童，体重也许有很大差别，因此，判断儿童是否超重需对照同性别儿童身高体重的正常标准。通常，可采用计算体重指数BMI法，来测量儿童的体重是否属于正常范围。这是世界各国正在采用的一种新的指标。具体公式为：体重指数（BMI）=体重（千克）/身高（米）^{2}。

儿童边吃饭边看电视有哪些坏处

儿童边吃饭边看电视不是一个好习惯，容易使儿童的神经系统与身体功能出现疲劳，从而影响身心健康。一方面，儿童边吃饭边看电视，由于注意力不够集中有可能造成咀嚼不充分，影响食物的消化吸收。另一方面，儿童看电视吃东西显得很悠闲，容易不知不觉中饮食过量，或者被电视中的情节吸引住而忘记吃饭，影响正常进食。所以在吃饭时，尽量让儿童专心吃饭，不看电视。

儿童营养不良怎么办

对于某种营养素缺乏的儿童可在饮食中注意有所偏重，适当地补充所缺营养；对于食欲不佳、吸收不良的儿童要给予清淡、富含维生素与微量元素、易消化的食物。另外，当儿童发生如下问题时应及时就医，在排除儿童有其他疾病的情况下，可进行营养补充。

◎ 如果儿童的行为与年龄不相称，较同龄儿童幼稚可笑，说明氨基酸摄入不足，需增加高蛋白食品的摄入，如瘦肉、豆类、奶类、蛋类等。

◎ 如果儿童动作笨拙，则多为体内缺乏维生素C所致，在食谱中应增加富含维生素C的食物，如西红柿、橘子、苹果、猕猴桃等。

◎ 如果儿童有夜间磨牙、手脚抽动等症状，可能是缺钙所致，应添加鱼肉、虾皮等食品。